VOYAGE

DE

S. A. R. Monseigneur
LE DUC DE MONTPENSIER.

ALBUM

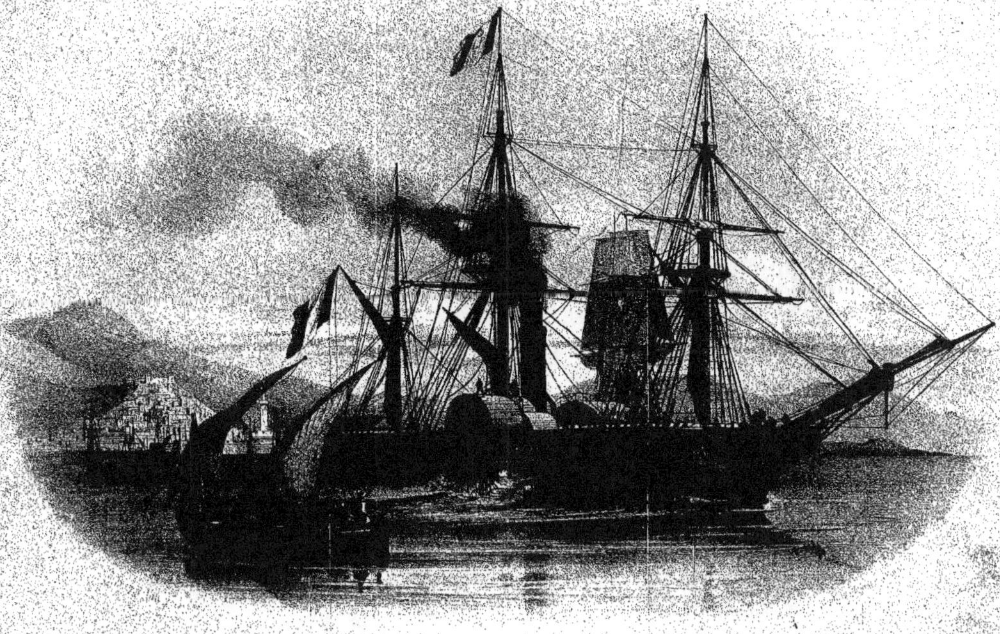

Dessiné par De Sinety

Lith. par Bayot

ARRIVÉE DE S.A. ROYALE DEVANT TUNIS

Paris, Arthus Bertrand Éditeur

CHAPELLE DE St LOUIS A CARTHAGE

VUE DU PORT COTTON
Prise du hameau Occidental du Port
(Corse).

ANCIENNE ÉGLISE DE St JEAN.

VUE GÉNÉRALE DES PYRAMIDES DE GIZEH

MOSQUÉE DE HASSANÉIN
au Caire

Dessiné par De Saulcy

Lith. par A. Deroche

TOMBEAUX DES KALIFES

(près du Caire)

Paris Arthus-Bertrand, Éditeur

Imp. Lemercier à Paris

VISITE AU CANAL D'AHROU
(Nord.)

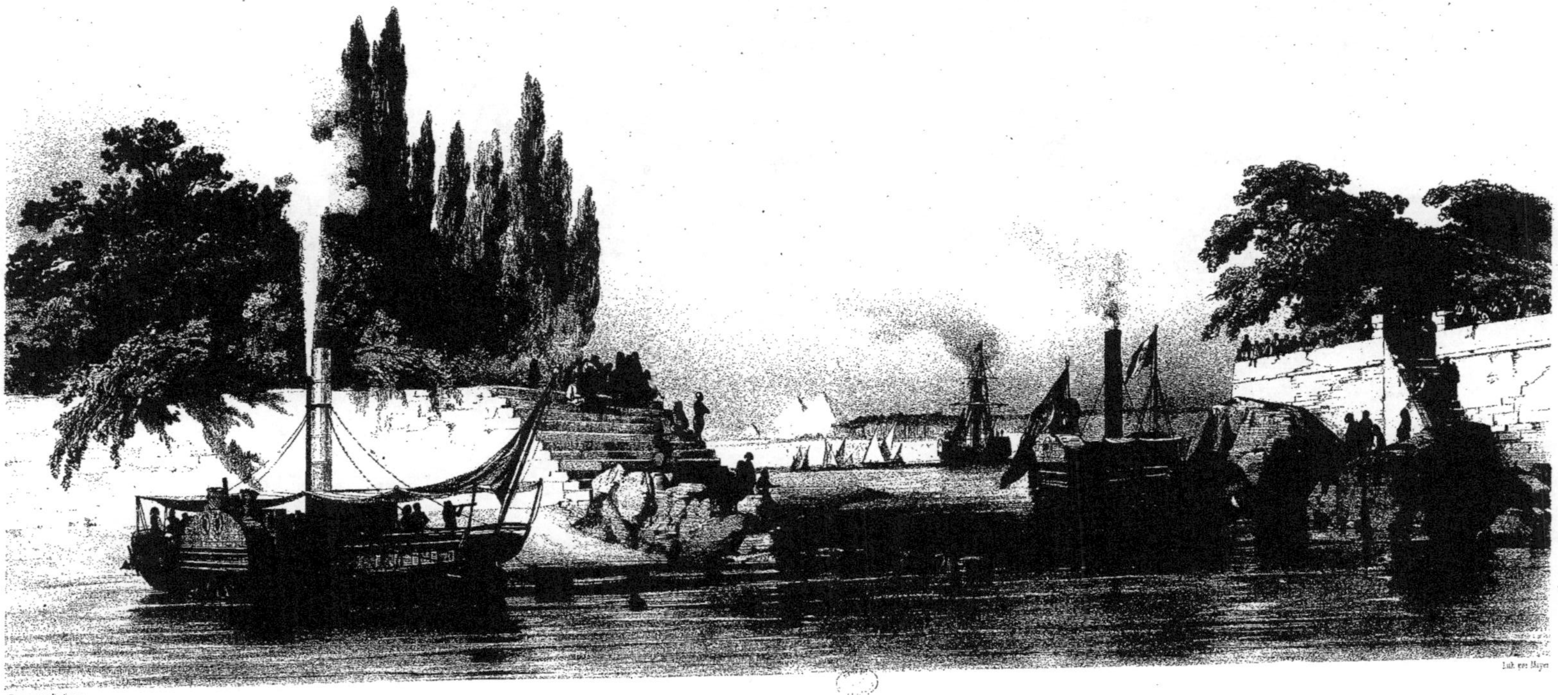

Dessiné par De Sercey

Lith. par Mayer

DÉPART POUR LA HAUTE ÉGYPTE.

(Le Caire)

Paris, Arthus Bertrand Éditeur

Dessiné par Dr Simon   Lith. par Gérin

VUE DE SIOUT
(Haute Égypte)

Paris, Arthus Bertrand, Éditeur   Imp. Lemercier à Paris

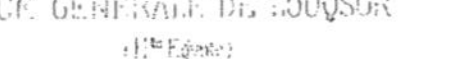

VUE GÉNÉRALE DE LOUQSOR
(Hᵗᵉ Égypte)

LA POINTE DU SÉRAIL
(Constantinople)

Dessiné par De Sinety

Paris, chez Bertrand Editeur

Dessiné par De Saulcy

Lith. par Régnier

LES DERVICHES TOURNEURS.
(Constantinople.)

Paris, Arthus Bertrand Éditeur

Imp. Lemercier à Paris.

RUE DES TOMBEAUX

(Constantinople)

MOSQUÉE DE LA PRINCESSE HÉLÈNE A BROUSSE
(Turquie d'Asie)

Paris, Arthus Bertrand, Éditeur.

Imp. Lemercier à Paris.

BAINS D'EAUX MINÉRALES A BROUSSE.
(Turquie d'Asie.)

Dessiné par De Sancy

Lith par Giraud

PONT DE BROUSSE

(Turquie d'Asie)

Paris Arthus Bertrand Editeur

Imp Lemercier à Paris

VUE GÉNÉRALE DE BROUSSE
(Asie Mineure)

Dessiné par De Saulcy

Lith. par Sabatier

PONT SUR L'EUROTAS

(Province Grecque)

Paris Arthus Bertrand Editeur

Imp. Lemercier à Paris

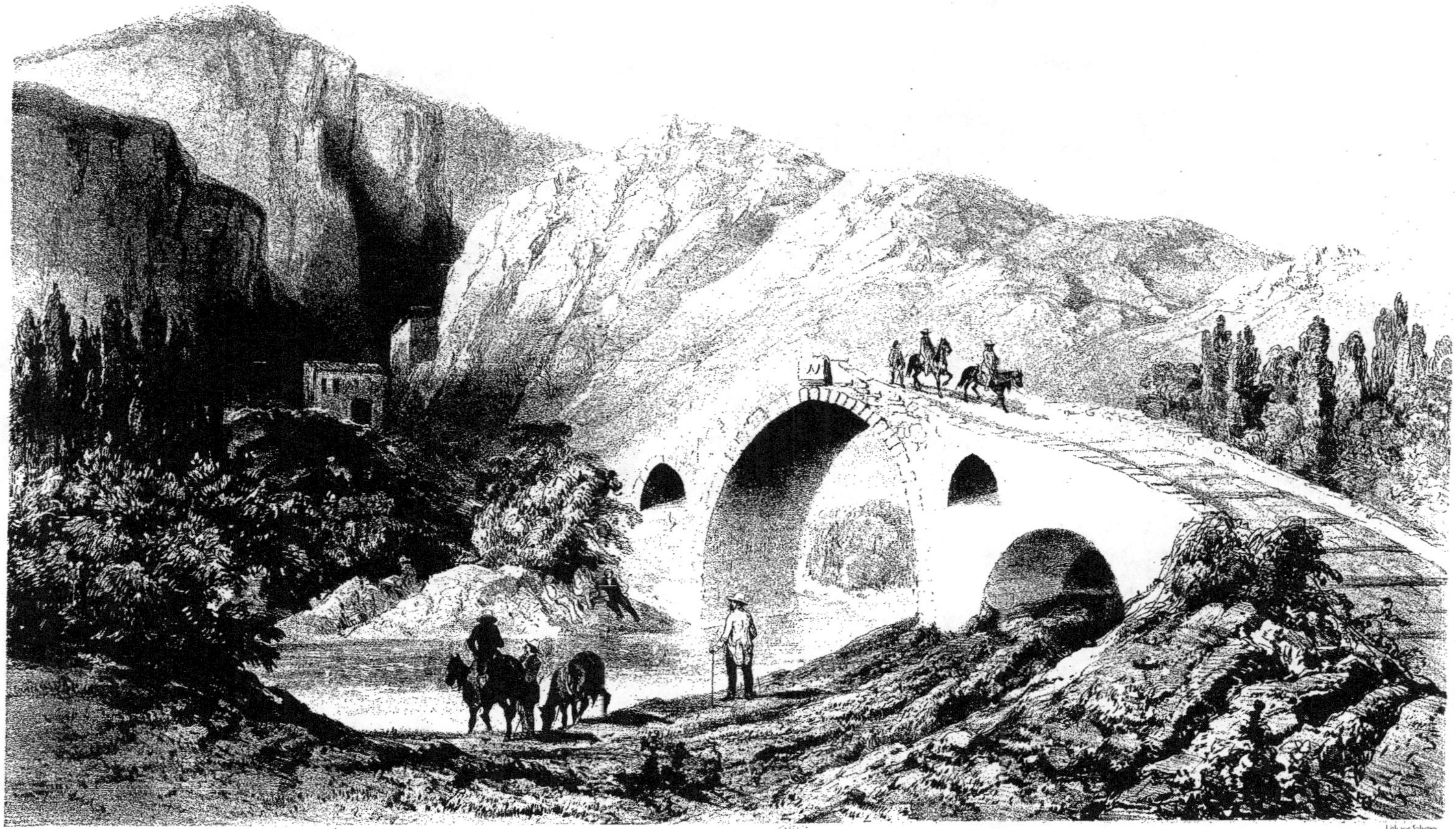

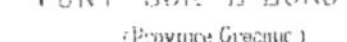

RUINES DE SPARTE

DÉFILÉS DU TAYGÈTE
(Grèce.)

PORTE D'ARCADIE A MESSÈNE
(Grèce)

VUE DE CORINTHE
(Grèce)

Dessiné par De Sancy   Lith. par Sabatier

L'ANTRE DE LA PYTHIE À DELPHES.

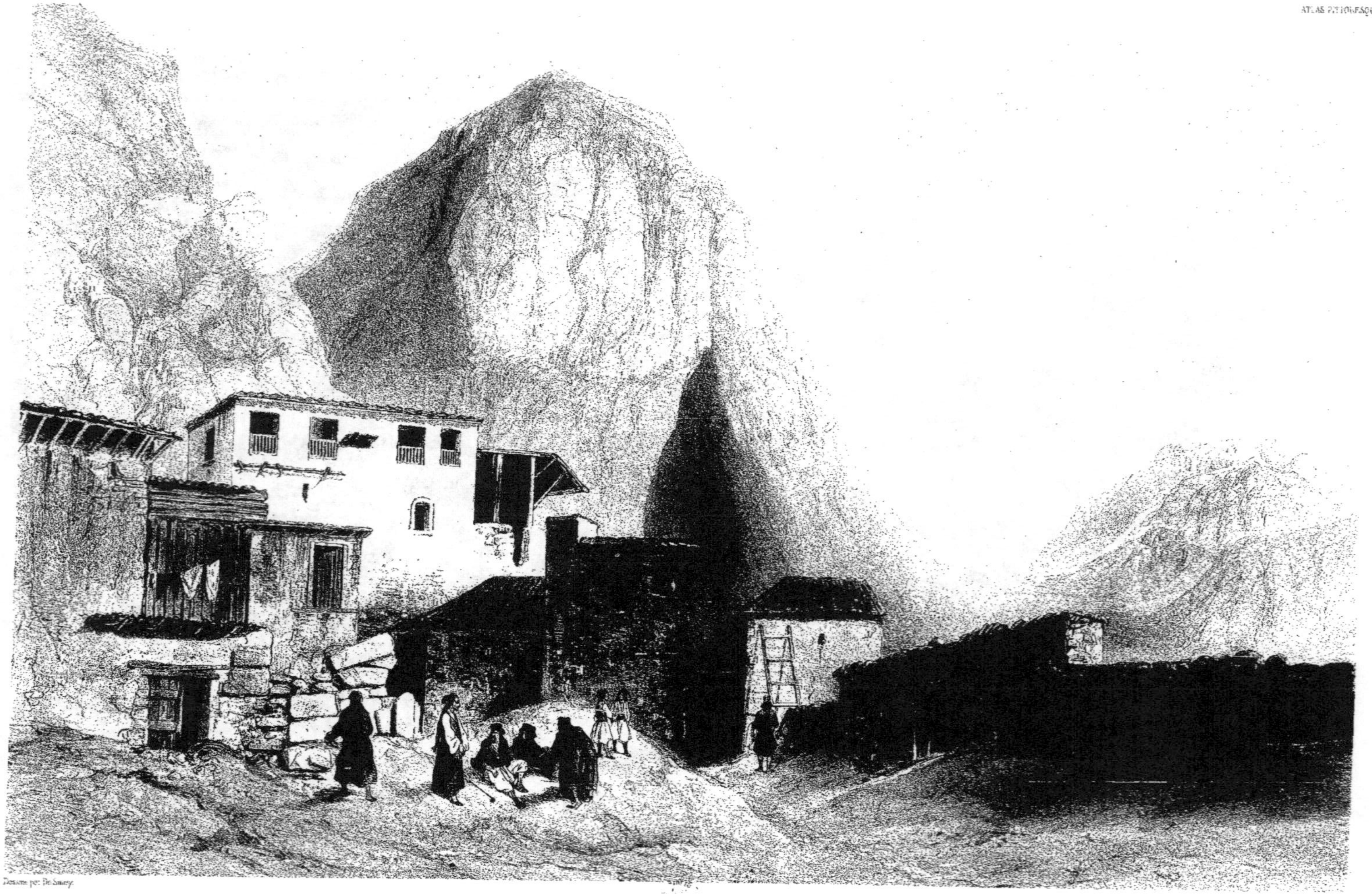

Dessiné par De Saisy.

Lith. par

VUE DU VILLAGE DE CRYSSA

Au pied du Parnasse

Paris Arthus Bertrand Editeur.

Imp. Lemercier à Paris

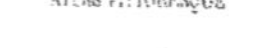

VUE DU CAP SUNIUM
(Grèce)

ÉGLISE BYSANTINE A MISTRA

(Grèce)